Peter Zumthor Atmospheres

建筑氛围ATMOSPHERES

[瑞士] 彼得·卒姆托 著

张 宇 译

中国建筑工业出版社

"氛围是我的风格。"

威廉·特纳于 1844 年对约翰·拉斯金如是说

目录

序言

与美的谈话

　　有一种交流，一种相互予求，存在于彼得·卒姆托的房子与其周围环境之间。专注。充实。当面对卒姆托的建筑时，像"氛围"和"心境"这样的词就不可避免地浮现在脑海：从他营造的空间中，立刻就有完美调配出的感受传达给观赏者、居住者、参观者和左邻右舍。彼得·卒姆托欣赏的场所和建筑是这样的：它提供给人们一个避风港，适于居住，不动声色地有所助益。因此，解读某处场所，介入其中，订出纲要性的用途、意义及目标，起草、筹划、设计出一件建筑作品，这是个曲折旋绕的过程，并非一条笔直的坦途。

　　对彼得·卒姆托来说，氛围属于美学范畴。本书会使读者洞察，"氛围"在卒姆托作品中扮演什么角色以及它对他意味着什么。下面重刊的是这位瑞士建筑师2003年6月1日在德国"经由大地之路"（Wege durch das Land）文艺音乐节上发表的演说。演说题为《氛围·建筑环境·周围的物品》（Atmospheres. Architectural Environments. Surrounding Objects），它颇为般配地放在温德令豪森城堡（Wendlinghausen）里举行——作为"诗意景观"（Poetic Landscapes）活动的一部分，演说正好探究了场所与艺

《死之岛》（*The Island of the Dead*, 最初版本）。阿诺德·波克林（Arnold Böcklin），1880年，巴塞尔艺术博物馆

之间的密切关系。这种探究是哲学意味上的历险，它通常始于某处场所，并将其与某人、某文艺活动或某主题相联系。这在不同时期又有所差别，它或许会将某处场所与别的场所相联系——诸如在读物中；又如由国内外演员、作家及剧团共同出演的音乐会，与之一同举办的还有舞剧、展览和讨论等。在这一活动框架内，彼得·卒姆托和我通力合作，一边漫步旷野和草地，穿越城镇和荒原，途经散布的建筑新区，一边谈论、问讯、想像出影像……演讲本身正包含在一个为期数天的活动之中——活动拟从温德令豪森城堡的威泽文艺复兴（Weser-Renaissance）式建筑中激发出灵感，以探寻美的衡量标准。温德令豪森城堡是它那一时代建筑的光辉榜样：适用、便利、持久、美观——意大利文艺复兴时期伟大的建筑师帕拉第奥（Andrea Palladio）体承维特鲁威（Vitruvius）的精神，深为推崇这几点。由此诞生了不经雕饰的建筑，它深深地植根于景观地貌，且用本地材料构筑完成。"文艺和音乐"活动致力于关注16～17世纪早期的意大利。丹麦作家英格尔·克里斯滕森（Inger Christensen）的小说读本《壁画间》（The Painted Room）——是关于曼帖那（Andrea Mantegna）的著名画作《曼图阿公爵的婚礼随员》——以及歌德（Goethe）在意大利的帕拉第奥建筑之旅突出了

美的主题，并分析了美是否可以被转译：外在美，事物的
衡量标准，其比例关系，其材质，直至其内在美，事物的
核心所在。或许更易于谈到的是事物的诗意品质。

　　为更自然贴切地保存彼得·卒姆托的词句，对他面
向 400 多位听众发表的演讲只作了极少的编辑改动。

　　　　碧姬·拉普斯 - 埃勒特（Brigitte Labs-Ehlert）
　　　　代特莫尔特（Detmold），2005 年 10 月

建筑氛围

　　标题《建筑氛围》(Atmospheres) 是由一个长时间引起我兴趣的问题催生的。而当我告诉你们它是什么时,你们可能并不会太感惊讶:当我们谈及建筑品质时,我们想表达的是什么呢?这个问题我回答起来有一点点困难。至少对我而言,建筑中的品质,并不是指建筑手册或建筑史中所含的内容,也不是指让我的作品登载在这个那个刊物上。在我看来,当一座建筑物成功打动我时,那就是建筑品质。到底是什么打动我呢?我怎样才能让它融入我自己的作品呢?我怎样才能设计出些什么,就像那张相片中的房间一样—— 我特别喜欢和推崇它,我从未看见过这样的建筑,实际上我简直认为它不存在——这正是我爱看的一座建筑。人是怎么设计出这样美观而深具自然气质的东西的呀!这样的东西每时每刻都打动着我。

　　一个合适的词就是氛围。以下是我们大家都熟知的事:我们对某人的第一印象。我从中学会的是:不相信它——给那人一个机会。几年过去。我成熟了一些。而我不得不承认,我还是回归相信第一印象。建筑跟这个有一点点类似。我走进建筑,看见房间,并且——在一转眼工夫——对它就有了这种感受。

弗吉尼亚州里士满,百老汇大街车站。约翰·拉塞尔·波普 (John Russell Pope),1919 年

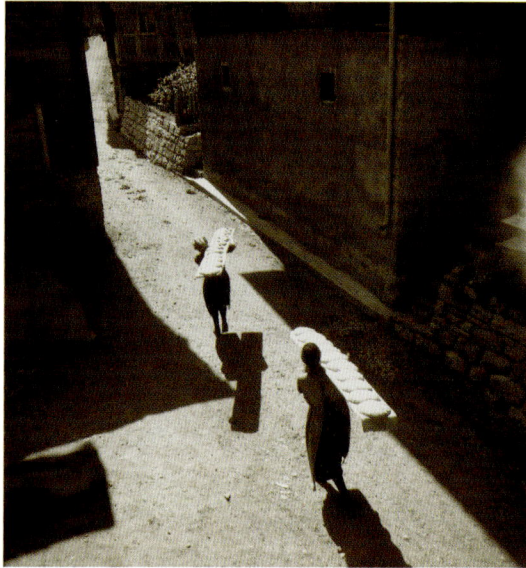

我们通过我们敏锐的情感来体验氛围——这种体验形式起作用时，快得难以置信，而这显然正是我们人类需要的生存之道。不是每一种情形都会准许我们有时间拿定主意来判断我们是否喜欢某事物，或我们是否真该背道而驰才更好。我们内在的什么东西立刻就告诉了我们很多很多。我们有能力凭直觉欣赏，靠自发的情感反应，于刹那间否决某件事情。这与线性想法非常不同——后者我们同样胜任，并且也是我钟爱的：这种方式是用心智组织，把 A 到 B 的事情串起来思考。我们都知道对音乐作出的情感反应。勃拉姆斯（Brahms）的中提琴奏鸣曲第一乐章，当中提琴加入进来时——仅仅是两秒钟，而我们就有了情感反应！（奏鸣曲第 2 号，降 E 大调，为中提琴和钢琴而作）我不知道为什么会这样，不过在建筑上跟这个也很像。虽然没有这么强烈——比不上艺术中的最伟大者，音乐——但毕竟也有啊。

　　我要给你们读一段我在笔记里写的东西。给你们看一个我要表达的想法。那是 2003 年复活节前的星期四，濯足节。我在那儿。坐在阳光下。一个大拱廊——又长、又高，在阳光下很美丽。广场上我可以一览无余——房屋的门脸、教堂，纪念碑。在我身后是咖啡馆的墙壁。人群不多不少正好。一个花市。阳光。十一点钟。广场的另一

弗林村（Vrin）的饼干日。运送面包。恩斯特·伯纳（Ernst Brunner），1942 年。恩斯特·伯纳收藏品，巴塞尔

边在阴影里，显出宜人的蓝色调。种种美妙的喧闹声：身旁的交谈声，广场石板上的脚步声，鸟鸣声，人群中的喃喃私语声，没有车辆的声音，没有引擎的轰响，偶尔有嘈杂声从某处建筑工地传来。我设想是假日的来临使大家的步伐放缓了。两位修女——我们现在回到了现实，不再仅仅是我在设想——两位修女在空中挥了挥手。她们轻巧地走过广场，她们戴的女帽轻轻地摇曳。两个人各拎着一个塑料手提袋。天气：清新宜人，而且温暖。我呆在拱廊里，坐在淡绿色的软垫沙发上。这时，广场里古铜色的雕像伫立在高高的底座上，背冲着我，我望过去，看着双塔耸立的教堂。教堂两座塔的舵状尖顶长得是不一样的：它俩底部都相同，往上部就逐渐长成了各自的形状。一个要高些，在它尖尖的塔顶上是一圈金冠。过不了一两分钟，B 君就会从广场右边斜穿对角线向我走来。那么是什么打动了我呢？是一切。是事物本身、人群、空气、喧嚣、声响、颜色、材质、纹理，还有形式——我所欣赏的形式。我设法破解的形式。从中能找到美的形式。还有什么别的打动了我？是我的心绪，我的感受，还有当我坐在那里时使我满足的期待感。这使我脑海里出现了柏拉图的那句名言："美存在于观者的眼中。"言下之意：美与否全然在我。但随后我做了一个实验：我把广

克劳斯兄弟教堂（Bruder Klaus Chapel），建造中。曼谢里希（Mechernich）。环境景观中的建筑，模型

场拿掉——而我的感受就变得不一样了。当然，这是一个很初级的实验——请原谅我思考得很简单：如果去除广场，我的感受就消逝了。如果没有广场的氛围，那我绝对不会有那些感受的，这真的是很符合逻辑的。人们与对象互动。作为一个建筑师，这是我始终要处理的事。实际上，正是它唤起了我的激情，现实有它自身的魅力。当然，我也了解存在于想法中的魅力。美妙想法中的激情。但我在这里谈到的是我时常发现更加难以置信的东西：事物的魅力，现实世界中的魅力。

特里西诺·巴斯顿府邸（Palazzo Trissino Baston）。斯卡莫齐（Vincenzo Scamozzi）设计，1592年，维琴察，内庭院

现实中的魅力

一个问题。这个问题是提给作为建筑师的我自己。我想知道：什么是这《现实中的魅力》(Magic of the Real) ——学生宿舍小卖部，鲍加特纳 (Hans Baumgartner) 拍的20世纪30年代的照片。人们团坐着——并且他们也很开心。而我自问：作为一名建筑师，我能做到那样吗？——一种像那样的氛围，它的强度，它的意境。而如果要做到这样，我该怎么做？而我接着想：行，你能做到。可我也想着：不行，你做不到。我行的原因是因为，世界上有好的东西，也有不怎么好的。这里还有一段引文。是一位音乐学者写在某本音乐百科全书里的一句话。我把它扩印了，贴在我们办公室的墙上。我说：那将是我们工作的方式！音乐学者写到的是一位作曲家，他的名字你肯定会去猜，他是这么说的："彻底的泛调性，强有力而有特点的节奏音型，旋律清晰，和弦简单而严格，音色有透彻的辐射感，而且，他的音乐织体既朴素又透明，他作品的形式结构非常稳定。"[安德烈·鲍科莱契列夫(André Boucourechliev)《斯特拉文斯基音乐句法中的真正俄国精神》(the truly Russian Spirit of Igor Strawinsky's musical grammar)]

学生住宅，克劳修斯(Clausius)大街，鲍加特纳拍摄，1936年，苏黎世

它现在就贴在我们办公室的墙壁上，供大伙阅读。它告诉了我一些关于氛围的事：作曲家的音乐也有那样的品质，只要听上几秒钟，就能够触动我们，触动我。但它同样还告诉我，有很多工作投入了其中，而我发现这令人宽慰：我想到，创造建筑氛围的任务也可归结到制作和移植。过程和兴趣，手段和器具是我的工作的全部重要部分。我密切注视着我自己，并且我现在要提供给你们一份记录，划分成九个很短的章节，讲述的是我着手做事时所发现的方法以及当我努力在我设计的建筑中创造某种氛围时我最关心的事。当然了，这些对问题的回答完全是我的个人看法。我没有什么别的意图。此外，这些回答还高度受敏锐感官的影响，并且也很独特。实际上，它们大概正是敏锐感官的产物，个人感官，使得我以一种与众不同的方式做事。

面粉车间，方案，荷兰莱顿，改建扩建项目，模型

建筑本体

第一，它的标题：《建筑本体》(The Body of Architecture)。一件建筑作品中的实质所在，它的框架。

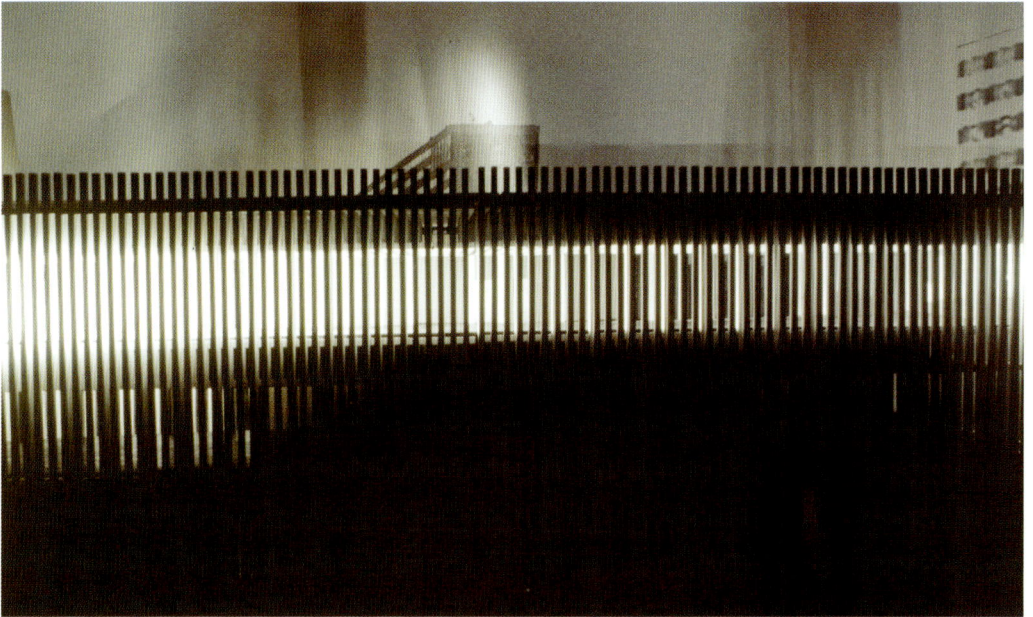

现在我们坐在这个谷仓里，这里有若干排横梁，它们依次被遮盖着。这样的东西给我留下了一种感官印象。我把它称之为建筑中首要的、最大的奥秘——它汇集世间各种东西、各种材质，并把它们结合起来，来创造一个像这样的空间。对我而言，我们现在谈论的正是一种"解剖结构"（anatomy）。实际上，我完全是从字面上来表达"本体"（body）一词的意义的。它就像我们自己的身体，有其自身解剖结构，内部的东西不为我们所见，表皮覆盖着我们——建筑在我看来正是如此，我也正是试图这样来考虑建筑。作为一个实在的体块，一层膜，一种织品，一种遮盖物、布料、天鹅绒、丝绸，到处都是。本体！不是关于本体的想法，而是本体自身！可以触动我的本体。

材料兼容性

第二，一个重大的奥秘，一种强烈的激情，一种永久的喜悦。《材料兼容性》（Material Compatibility）。我取一定量的橡木，再取不同量的一些碳酸钙石，然后再增加一些别的东西：3克重的银，一把钥匙——你们还想要点别的什么吗？要这样做的话，我会需要有某个人是主人，这样我们才能把东西凑在一起，并安排妥贴——首先是在我们的头脑里，然后是在现实世界里实现。

柏林"恐怖地带"（Topography of Terror）文档中心，酒吧建筑框架外景，模型

然后我们会去看，并看见这些事怎么在一块儿起反应。而且我们大家都知道会起反应的。材料互相作用，并显现出各自的光芒，因此材料的组合就带来一些独特的东西。材料是无穷无尽的。取一块石头：你可以锯开它，研磨它，在它上面钻孔，把它劈开，或给它抛光——它每次都会变成不同的东西。然后，同一块石头，取材少量，或取材巨量，则又全然不同了。再或将其置于光亮下——则又不同。同一种材质，可以有一千种不同的处理可能。这就是我所喜爱做的工作，而我做得越久，我越觉得它神乎其神。你总会产生想法——想像着会创造出点什么。并且，当你真正开始筹备材料时——其实上星期这正发生在我身上：在那座清水混凝土建筑里有一间巨大的客厅，我十分确信我不会在客厅里用松软的雪松木作面材。它太软了。我打算要一些硬实点的东西，更像黑檀乌木那样的——足够密实，也有足够的体量来抵消清水混凝土的分量感——它也有着难以置信的色泽。于是，我们就带着乌木去了真正的建筑工地。哦，真该死！结果竟然是雪松木更好一些。我突然发现——雪松木非常软，并且它彰显在周围环境里毫无问题。于是，我又去把所有的黑黄檀木材料拿掉，我们使用了桃花心木。一年后：又引进了深色、硬实、富有木纹的珍贵木料，以及较软的、颜色较浅的木料。终于，发现带着僵直线性结构的雪松木看起来太脆了。再也不用它了。这个例子说明，为什么事物常常在我看来很神奇。而这里还有一样东西要

克劳斯兄弟教堂。建设中。曼谢里希。模型，主楼层及水面

说。依照材料的不同种类和重量，各种材料间有一种相近性临界点。在一座建筑中可以作不同材料的组合，而可以肯定的是，你会发现有些材料相差太远，以至于不能起反应；另一方面，有些材料放在一起太接近，因而会毁掉这些材料。这意味着，在一座建筑里把东西组合为一体，是需要做很多工作的……好吧，你们知道我想说什么！不说了——不然我会就这个再多讲半个小时的。没错。因为我有例子。我记下了"帕拉第奥"，我就是在那儿发现这类东西，并且一而再地看到的：尤其是在帕拉第奥的作品里，你能发现这种氛围活力。而我想提到的也正是这点，因为我总觉得作为建筑帅，作为营造大匠，必须要在材料的外观和重量方面有非凡的感觉，而这恰好是我正在设法讨论的东西。

克劳斯兄弟教堂。建设中。曼谢里希。主楼层样板间

空间的声音

瓦尔斯温泉浴场，彼得·卒姆托，
1996年，格劳宾登州（Graubünden）
瓦尔斯（Vals）

　　第三，《空间的声音》（The Sound of a Space）。听！室内如同巨大的乐器，汇集了声音，把它放大，再把它传到别处。这和每个房间的独特形状、房间构成的材料表面，以及那些材料的应用方式都有关。将一块上佳的云杉木地板像小提琴的盖板那样，横跨着放在木头上。又或者：把它紧贴在混凝土板层上面。你们是否注意到在声音上有区别？当然有。但不幸的是，许多人对房间制造的声音毫无觉察。那些声音可以与特定的房间产生关联；就我个人而言，当我还是一个小男孩的时候，我首先意识到的往往是那些声音，我母亲在厨房里弄出的种种声响。它们使我感到快乐。如果我在前室，我总能确信我的母亲在家里，因为我可以听见她砰砰地摆弄着壶罐和平底锅，而你们也有这方面体验吧。不过，在一个大厅里也是有声音的：火车站宏大室内的种种声响，或是你们在市镇里听见声音，诸如此类。但是，如果我们再多推一步——哪怕现在变得有点神秘兮兮——设想把所有外来的声音从某座建筑物中提取出来，并且，如果我们设想到的情况会是这样：什么都没剩下，在那里也不会碰触到别的什么东西。那么问题出现了：建筑物是否仍有声音呢？你们自己试验一下罢。我认为每一座建

筑都会发出某种音调。它们发出并非由摩擦造成的声音。我不知道是什么声音。可能是风或别的什么。但只有当你进入一个隔声的空间时，你才会真正地感受到那里确实有些什么东西。它很可爱。我发现，当你做一座建筑时，你设想那座建筑处于沉静当中，这真是一件美好的事。我的意思是设法把建筑做成一处寂静的空间。目前这是相当困难的，因为我们的世界变得如此喧闹。嗯，或许这里不怎么闹。但我知道其他地方要喧闹得多，而你们必须不遗余力地去做出安静的房间，并想像它们处在自身的沉静中，由其比例关系和材料而发出的声音。我意识到，我造出的声音必定会使你们想到某种宗教布道——但它难道不比那更简单，更注重实效吗？当我们漫步穿过建筑，当我们说话，当我们互相交谈时，将会怎样真正发出声音——声音会是什么样呢？

　　而假设在某个星期天下午，我想要坐在客厅里和与三个好朋友谈话，同时又读书呢？我这儿曾记下过一些东西：有扇门关着。有一些建筑有着美妙的声音，让我能感到家一般的安适自在。我不孤单。我想我只是无法摆脱那种源自我母亲的影像，实际上我也不想摆脱。

瑞士馆共鸣箱。2000年汉诺威世博会

空间的温度

　　第四，《空间的温度》（The Temperature of a Space）。我仍在设法给这些东西命名，在我看来，这些东西对于创造氛围至关重要，例如温度。我相信每座建筑都有特定的温度。我会解释我要表达的意思。我其实并不是很擅长做这种事，尽管我对这一主题非常感兴趣。最美好的东西往往会令人意想不到地出现。当我们建造汉诺威世界博览会的瑞士馆时，我们使用了很多木头，许多木梁。尽管它露天开敞，但当室外天气炎热时，馆内却像森林里一样凉爽；而当天气凉下来时，馆内又比外面暖和。众所周知，材料或多或少从我们体内吸取了热量。举例而言，钢材，是冷的，并且会把温度拉扯下来——诸如此类。但当我想到自己的工作时，浮现在我脑海里的是动词"调试"（to temper）——可能有点像调试钢琴，找寻合适的状态，其意思既可指乐器调谐，也可指氛围。所以，温度在这里的意思是物理上的，但也可认为是心理上的。它存在于我所看见、所感受、所触及（哪怕是用我的脚）的东西中。

瑞士查格湖（Lake Zug）畔的培训中心与公园，方案。推敲模型的大样

周围的物品

　　第五，一共有九条内容，而我们现在已经说到了第
五条，我希望这不会使你们不耐烦。第五，《周围的物品》
(Surrounding Objects)。每当我进入建筑和人们（朋友、
熟人，还有我根本不认识的人）居住的房间的时候，它
就再三出现：我对人们放置在他们周围的东西（在他们
公寓里或在办公场所的）有深刻的印象。并且有时，我
不知道你们是否也注意到了，你们发现东西会以一种非
常精心、可爱的方式放在一块儿，而它们有一种深层次
的关联。举例而言，两三个月前我在科隆，小彼得·伯姆
(Peter Böhm) 领我四处参观，他把我带到宾纳菲尔特
(Heinz Bienefeld) 设计的住宅。对于宾氏在科隆设计的
这些住宅，我第一次得以一睹其中两栋的室内尊容。当
时是星期六，早上9点。它们给我留下了强烈的印象。这
些住宅到处都是漂亮的细节，多到难以置信——你甚至
或许会说多到过分！并且你感觉到海因茨·宾纳菲尔特
的存在，他设计的所有的这些东西遍布各处。而且，这
里还有几个人。其中一个是老师，另一个是法官，他们
全部穿戴成德国市民在星期六早上应该穿成的那样子。
而你看到了所有这些东西。漂亮的物品，漂亮的书籍，所
有的陈设，以及那些乐器——大键琴、小提琴等。除了

那些书以外！不管怎么说，一切都给我留下了强烈的印象：它非常有表现力。而我很想知道，建筑在此处所定的职责，是否就是作为容器，容纳住宅里的物品呢？请允许我讲一则短小轶事。几个月前我对我的学生讲到过刚才那些东西，而在这些听众当中有一个来自塞浦路斯的助教——在塞浦路斯长大成人，是多么艰辛的一段时光！——她是一位非凡的建筑师。她为我设计过一个小咖啡桌，并且她非常想将它留为己用。演讲时我谈到我们周围的物品，讲得比这次所讲到的更为具体。而后来，在演讲过后，她说："我完全不同意。这些东西纯粹是负担。一个行囊就装下我的全部所有了。我想驻留在路上。所有那种东西——它们简直是负担……不是每个人都想要在身边带上如此一大票中产阶级的物品，你知道的。"我看着她说道："那你想要的那张咖啡桌呢？"她再也没说什么。总之这似乎证明了一些我们对自己的认识。我的例子可能有点怀旧。但我认为情况大抵如此，假如说是我要兴建一家酒吧——那可以认为是真正很酷的事，或是建造一家迪斯科舞厅，而理所当然亦如此的是建造"文艺之家"（House of Literature）——它所需要的设计应避免过于从容和精美。我想到有些东西，与作为建筑师的我无关，它们出现在建筑物中，出现在它们该出现

瑞士馆共鸣箱。2000 年汉诺威世博会

的地方。这个想法使我领悟到我所设计的建筑的前景；一种没有我也会出现的前景。它使我受益匪浅。它非常有助于我想像我所建造的住宅内部房间的前景，想像它们的实际使用情况。在英语里,你大概可以把这形容为"a sense of home"（家的感觉）。我不知道在德语里这应该怎么称谓——我们真的不能再用"Heimat"（故土）这个词了，对吧？我做的笔记告诉我，在尼采（Nietzsche）的著作里应该会发现和这有关的东西：在《徘徊者和他的阴影》（The Wanderer and His Shadows）"箴言 280"中——在日用品世界里出现与存在，又见于他的《拾遗集》（Posthumous Fragment）（1880～1881 年）："……特别是它的(物品的)实质存在,它来自于物质的存在……"我也很愿意读读鲍德里亚（Baudrillard）的《物体系》（System of Objects）（1968 年）在这方面的论述。

卒姆托工作室内

镇静和诱导之间

意大利的桥

　　还有另一些让我一直加以注意的东西，这是我的工作中觉得真的很有趣的一部分，而对此——也即第六条——我要给的标题是《镇静和诱导之间》（Between Composure and Seduction）。它所讲的是建筑涉入移动的方式。人们常说，建筑是一门空间的艺术。但建筑也是一门时间的艺术。我对此的经验并非局限于一刹那一瞬间。沃尔夫冈·里姆（Wolfgang Rihm）与我对此有完全一致的看法：建筑，像音乐一样，是一门时间的艺术。那就意味着要考虑人在建筑中移动的方式，而在这儿有互相对立的两极，我喜欢把我的工作置于两极之间。让我给你们举一个例子，和我建造的一些温泉浴场有关。对我们来说，最最重要的是引发一种自由移动的感觉，一个漫步的环境，一种心境——更多的是诱导人们，而不是把人们指来引去。举例说，医院走廊就全然是把人们指来引去的；但也有诱导的优雅艺术，使人散开、闲逛，而这正是建筑师有权来决定的。我正讲到的这种能力有点近似于设计一个舞台布景，执导一出戏。在这些浴场，我们设法找出一种方式来把建筑物的各部分集合起来，以使它们形成自己的关联，正如它们曾经的那样。总之，那就是我们尝试着做的：我不清楚我们是否成功了——我觉

得我们做得不坏。这些是你们会进入的空间，并且你们开始感觉到能呆得住——你们不仅是路过。我会驻足那里，或许还会逗留片刻，但接下来，拐角处有什么东西会吸引住我——是光线洒落下来的方式，落在这儿，落在那儿，而我就这样漫步——而我要说，我发现了欢乐的一种重要源泉。觉得我没有被指来引去，而是可以任意漫步——"漂泊不定"，对吧？这就是一种发现之旅。不过，作为一名建筑师，我必须确知这并非像在迷宫里，假使我并不想要那样做。因而我要再给出一小段介绍，一些非常规的例子用以验证法则——你们知道那一类东西。指来引去、加以诱导、任其散开、给予自由。在某些情况下，促成一种令人镇定的效果是更为明智和远为聪明的，引入某种镇静，而不是让人们到处乱跑，不得其门而入。在那里，没有东西会试图哄骗你，你可以该怎样就怎样。举例而言，演讲厅就应该像那样。再比如起居室，再如电影院。对我而言在这方面，学到很多东西的地方无疑是电影院。摄像机组和控制仪以同一种方式装配有序。我把这试用到我的建筑里，以此吸引我。它也以此吸引你们，而更主要的是，它以此维护建筑物的使用。教导、预备、激励、宜人的惊喜、放松——这一切。我必须要补充说，不带哪怕一丝演讲厅的味道。它应该全都显得非常自然。

瑞士馆共鸣箱。2000 年汉诺威世博会

室内外的张力

　　第七，其他一些很特别的，在建筑方面令我着迷的东西。《室内外的张力》（Tension between Interior and Exterior）。这个，是一桩奇妙的事情。建筑采取了略呈球体的形式，并且为它构筑了一个小方框。而突然间，就有了室内和室外。你可以在里面，或者在外面。精彩啊！并且那手段——同样地精彩！——这些：门入口、交叉路口、带小孔眼的门，室内外几乎察觉不到转换，一种难以置信的场所感，一种难以相信的集聚的感觉，当我们突然发觉自己被围合起来，发觉有什么东西包裹着我们，使我们聚在一起，控制着我们——不论我们人数众寡。这是个人和公众、私人圈子和公共圈子竞相展示的场所。建筑学熟谙于此，并加以运用。我拥有一处城堡豪宅。那是我居住的地方，那是我给外界展现的建筑门脸。门脸宣告说：我是，我能，我要——换句话说，就是业主和建筑师在建造它时想要的一切。门脸又宣告说：但我不准备把一切都展示给你们。的确，室内还有些东西呢——若非你们过来，留意你们自己的事。城堡豪宅正是如此，城市公寓也是如此。我们用某些信号来告知。我们观察。我不知道我的这份激情是否同样感染到你们。这不是偷窥癖。相反，它与氛围息息相关。想想希区柯克（Alfred

易经展廊。"易经"馆，沃尔特·德·马利亚（Walter De Maria）做的雕塑，方案，美国纽约州比肯（Beacon），迪亚艺术中心（Dia Centre for the Arts）

Hitchcock）的《后窗》（Rear Window），从外部观察的窗内生活，经典之作。你看见一个亮堂的窗口下有位红衣女子，而你对她从事什么工作绝无头绪。但是接下来——没错，你就看到了点什么事情！或者相反：像爱德华·霍普（Edward Hopper）的《星期天的清晨》（Early Sunday Morning），女子坐在房间里，看在窗口外面的市镇。我自豪的是，我们可以用建筑师的方式去做，去处理每一座我们做的建筑。而每当我做建筑时，我总是从以下几项来设想它：我想要看到什么——对我或稍后会使用该建筑的他人而言——我什么时候会在室内？而我想要别人看到我的什么？我想对外做出什么样的效果？建筑物往往会对街道或广场表述点什么。它们可以对广场说：我真的很高兴坐落在这个广场上。它们或许又会说：我是这里最美丽的建筑——你们全都看起来丑死了。我才是大腕。建筑物是可以说这类话的。

Domino de Pingus（萍姑）葡萄酒酿造厂，2003 年方案，西班牙佩纳菲尔（Penafiel）

密切程度

　　现在，第八条是我一直感兴趣的东西，但我从不知道我会如此，直到最近我才首度发现它。我对它的确知之甚少——当我们讲下去，你们会注意到这点——但它依旧是存在的。它是我会一直思考下去的东西。我给它标题的是：《密切程度》（Levels of Intimacy）。它整个是跟亲近度和距离有关。古典建筑师会称其为"尺度"（scale）。但这听起来太学究气了——我想表达的东西比尺度和尺寸更为实在。它涉及到各个方面——尺码、尺寸、尺度，和我自身形成对照的建筑体块。事实上，它要比我大，比我大得多。或者说，建筑物里的东西要比我小：门锁、合页、所有接头、门扇。也许你们知道一种又长又窄的门？它使得每个经过它的人都显得高大伟岸。或者，你们知道一种索然无味的门吗？它要宽些，有点不成形状。还有庞然耸立、气势逼人的正门，人们来到门口，看起来愉快而自豪。我正谈论的是东西的尺寸、体积、重量感。厚实的门扇和单薄的门扇。单薄的墙壁和厚实的墙壁。你们知道我所指的这类建筑吧？我对这些东西着迷。并且我总是设法创作出这类建筑，其室内形式，或者说其空着的室内，并不是同室外形式一样。换句话说，在这儿你不是仅仅画一幅首层平面图，勾出线

《静物》。乔治·莫兰迪（Giorgio Morandi），1963年。博洛尼亚，莫兰迪博物馆

条，并说道：这些是墙壁，12厘米厚，而那条分界线表
示的是室内和室外；相反在这儿，你感觉到的室内就像
一个你认不出的隐藏体块。它就像教堂里的空心塔楼，以
及那种在墙内升腾的感觉。我可以举出成千上万关于重
量和大小的例子，而这只是其中之一。东西的大小与我
相当，或再小一些。而有意思的是，也有东西比我更大，
气势逼人——州议会大厦、19世纪的银行、列柱，诸如
此类的东西。再如，昨天我想起来的，帕拉第奥的圆厅
别墅（Villa Rotonda）：它巨大、不朽，但当我进入它里
面时，我没有感觉到一丝压迫感——实际上，我觉得相
当庄严，如果容许我用这么一个老式说法的话。我没有
受到逼迫，反倒是周围环境不知怎么地使我感到充盈，使
我呼吸更为畅快——我不知道该怎么确切地描述它，不
过我确信你们知道我想表达什么。你们发现了两个极端，
所以你们不可以说：大就是不好；它缺少人的尺度。你
们听到刚接触这一话题的新手这么说——其实，你们也
听到建筑师这么说。其看法是，人的尺度必须或多或少
与我们自身的大小等同。但这并不那么容易。然后，还
有一样东西跟距离和亲近度有关，跟与我的距离有关，我
和建筑物之间的距离——我喜欢这样的想法：为我自己

布雷根茨美术馆（Kunsthaus Bregenz）
彼得·卒姆托，1997年，酒吧间

做些什么，只为我，为一个人。既有属于自己的我，当然，也有作为集体一部分的我——完全不同的情节。你们是否看见了早先那个学生小卖部？现在再让我们看看这个由勒·柯布西耶 (Le Corbusier) 设计的奇妙建筑。我为我已经这样做过了而感到自豪。所以一方面说来，我就在那儿，独自一人；或我和其他人三五成群；再后来，我就在人堆中。有这么一个足球场。或者随你所愿，有这么一座大宅子。以我之见，这些东西需要思考。我认为我擅长于思考这些。我认为我擅长于思考这一切。不过，我惟一碰到难题的地方——我也愿意思考这个，我真的很愿意，但我就弄不对——是对于摩天大楼。我似乎就是不能说服自己的头脑接受这一理念——我和许多人，5000 人或不管多少，呆在单独一幢摩天大楼里，我应该怎样做设计，才能和某幢高层建筑里的许多人一块儿，觉得快乐呢？当我看见一幢高层建筑时，通常留下印象的都是它的室外形状和它在城市中表达的风格，可好，可坏，也可能是任何东西。比较而言，我的想像力能够把握住的一样东西，是容纳 5 万人的足球场——设计一个碗状体育场，那会是一种妙不可言的经验。昨天。维琴察：奥林匹克剧院。我们听到了关于我们朋友歌德

洛卡别墅 (Villa Rocca)，斯卡莫齐 (Vincenzo Scamozzi) 设计，1575 年。比萨纳 (Pisana)

(Goethe）的一切，以及许久以前他是怎样看所有这些事儿的。并且他真正关注这些事儿——那是他出色的地方：他真正是在看。好吧，这就是我说到不同程度的密切度时所要表达的意思，它对我而言依然如此重要。

萨拉巴伊别墅（Villa Sarabhai），勒·柯布西耶设计，1955年，艾哈迈达巴德（Ahmedabad）

万物之光

Toni Molkerei(托尼乳品)夜总会，
苏黎世

　　最后一条，第九条。当我几个月前坐在我的前室，我的客厅，写下所有这些东西时，我问我自己：还缺了点什么？你把每样事情都写下来了吗？这就是你做的全部了吗？于是我就想到了。非常非常简单。《万物之光》(The Light on Things)。我花了差不多五分钟来观看我起居室内东西的实际景象。光是什么样子呢？它很棒！我肯定你们有同样的体验。光洒落在哪里，怎样洒落。影子又在哪？以及表面怎样黯然，怎样生辉，又或怎样拥有深度。然后我又一次注意到它，在后来：沃尔特·德·马利亚，一位美国艺术家，给我展示一个他为日本做的新作品。它是一个巨大的厅堂——有这个谷仓的2~3倍大。它的前部开敞，后部完全黑暗无光。并且，他在其中放入了两三个硕大的石球：实心石料，相当庞大。后部右手边有木质格栅，表面涂上了金箔。而这金箔——我们都熟悉这种东西，但当我看见它时，它确实真正打动了我——金箔闪耀着，在屋子后部右手边一片深邃的黑暗当中。这意味着金制品似乎有能力攒集哪怕最微小的光亮，并使光在黑暗中反射出来。这是个关于光的例子。对此，我有两个钟爱的想法，并且它们总会浮现出来。显然，我们建造房子并不是建完了才打电话叫电工，并开始问自

己：好，那我们把照明放在哪儿——我们怎样照亮这件东西？不，我们从一开始就把它计算在内。所以我钟爱的想法之一是：把建筑物作为一个纯粹的阴暗体块来设计，之后，把光放进来，就像在凿空黑暗一样，仿佛光是渗入的一种新体块。再说另一个想法——附带提一句，这些想法都很合乎逻辑，并无神秘难解之处；人人都这样做。我所喜欢的第二个想法是：要系统地看于材料及表面的照明工作，要观察它们反射光的方式。换句话说，要依据对它们反射方式的了解来选择材料，要基于这些了解来把所有东西组合起来。这段日子身处国家这片极其秀丽的天然胜境，当我看到有些房子的用光方式时，是感到多么难受啊！房子看起来如此暗淡——我不知道为什么会那样。是他们刷在他们房子上的涂料么？不管是什么，总之它毁了这些房子。但是其中有一成左右颇为古旧的房子，在那里你突然注意到有什么东西熠熠生辉，生活的光泽在那里又开始闪现。不过，真正美好的是当你可以挑选和组合你的材料、织品，还有衣物的时候，因为，它们在光线里看起来好极了。想一想日光和人造光，我不得不承认日光，普照万物之光，如此令我心动，以至于我简直觉得它是一种精神上的品质。当早上太阳升起时——我总认为它如此非凡，它每个早上浮现的情形

辛姆托住宅，2005年，丝绸窗帘
森幸峰（Koho Mori）设计

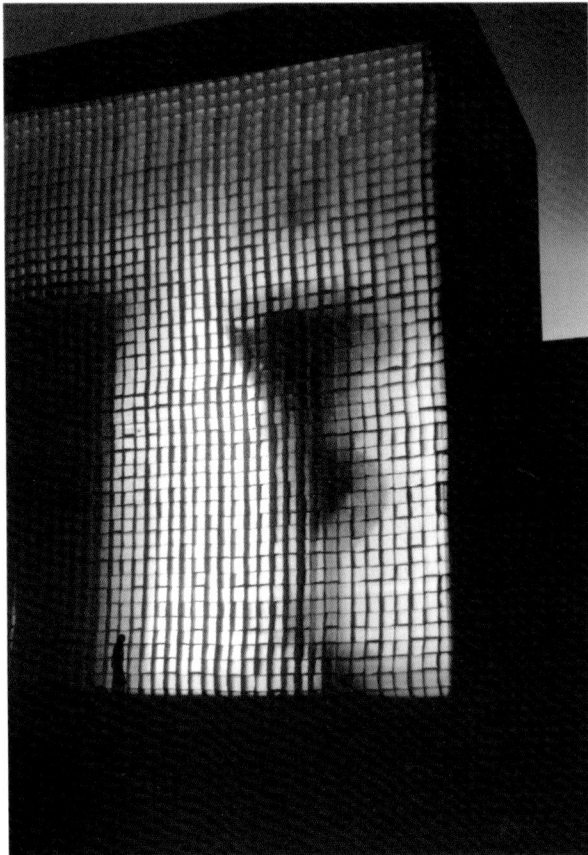

确实妙不可言——它的光芒普照在万物上，感觉它仿佛根本不属于这个世界。我不了解光。它给我的感觉是，有某种东西非我所知，某种东西超出所有理解之外。而且我很高兴很满意的是，确实有这样一种东西。在此我又感到：当我们走到室外以后我就会拥有它。对一个建筑师来说，这种光比人造光要好一千倍。现在，我其实已经把想说的话说完了。但我还在怀疑：真的说完了吗？并且又一次，我不得不承认：我需要补充三句简短的话。我已给你们讲过的九个章节大概可以描述为如何着手我的工作，或是我的事务所如何着手它。其中有些部分也许比较特异，但它们很可能也有客观存在的一面，相对而言，我将要告诉你们的东西在我看来更偏于个人化，并且不太可能普适于我到目前为止所说的许多东西。但如果我要谈到自己的工作，那就得说出真正打动我的东西。因此这里再说三条。

展馆。露易丝·布茹瓦（Louise Bourgeois）。研究模型，美国纽约州比肯，迪亚艺术中心

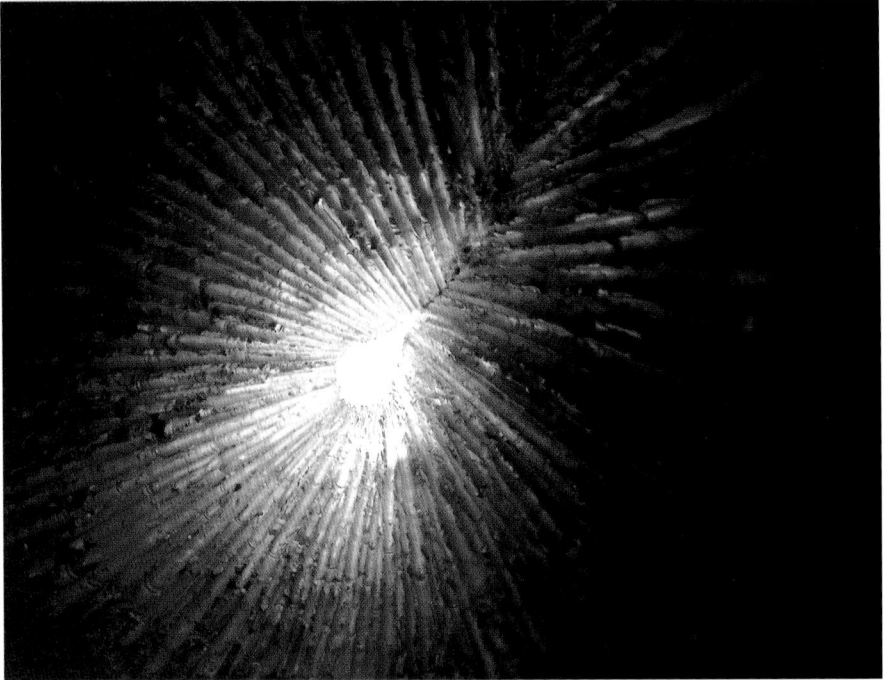

充作周围环境的建筑

　　第一条，把它拿到一个超然的不同层面上，环境即
是《充作周围环境的建筑》（Architecture as
Surroundings）。这真的很吸引我：想到建造一座建筑，或
一大片建筑综合体，也或许是一小片，而它就变成了它
周围环境的一部分。就像汉特克写的有些东西一样 [彼
得·汉特克（Peter Handke）曾多方面描述过环境，以及
物质上的围绕过程，比如说在访谈录《我只在缝隙中过
活》（Aber ich lebe nur von den Zwischenräumen）里]。我
所考虑的是我的人性环境（human surroundings）——尽
管它们不仅仅是我的——以及建筑物怎样成为人们生活
的组成部分，成为孩子们长大的地方。或许25年后，在
不知不觉间，他们会忆起其中某座建筑，并且他们会记
住某处角落，某条街道，某个广场——不会想到建造它
的建筑师，而那并非重点。仅仅是想到这么多东西依然
如故——有这么多建筑，如我所记得的那样，不是由我
建造，但是触动我，打动我，给我安抚感，或在某个方
面帮过我。每当我想像有某座建筑能被人铭记25年之
久——也许因为那是他亲吻初恋女友的地方，或凡此种
种——我工作起来就乐趣倍增。观点摆出来：对我来说
这种品质要重要得多，较之设想"该建筑物35年后仍将

被建筑参考书籍提起"而言。那是完全不同的另一层面，而且对我做建筑设计并无帮助。这是我的工作中第一处超然的层面：尝试着将建筑设想为人性环境（human environment）。或许——我想我最好承认这点——或许这和喜爱有些关联。我喜爱建筑：我喜爱周围环境的建筑物，而且我猜想，我喜爱，别人也喜爱。我必须承认：做出别人喜爱的东西，会使我感到非常快乐。

科伦巴（Kolumba）博物馆。建设中，科隆

结合一致

第二条。我这里的标题是什么呢？是《结合一致》
(Coherence)。同样，这更多地是一种感觉。我的意思
是——有各种观点谈到搞建筑和做建筑的最佳方式，观
点也出现在另一个不同的层面，职业层面上，我不打算
在这里讲。那只是日常工作业务——这些东西你可以在
大学讨论课或在办公室里讲。那更多地是个学术问题。我
要说的是，需要作出决定的所有这些东西——成千上万
的各种场合下，建筑师在备感压力的困境中必须作出正
确的决定——如果这一切都能依据实用加以解决，那我会
非常高兴。简而言之，对我来说的最高褒扬并不是有人来
了，理解了形式，并说："啊没错，我看明白了，你努力
做出这个酷毙了的形式"，或诸如此类。而是当在食物中
找到布丁的蛛丝马迹时，它确实就是布丁。这是能得到
的最高褒扬。而不止我一个建筑师感受到这一点——事
实上这正是一个古代传统，在文艺里也是这样，在文学
里，在艺术里。有一个好办法来办到这点，它看起来很
适合我：其概念是，事物达到自我，发现自我，因为它们
实际展现出来什么样，就已经是什么样的东西了。建筑，
建造起来终究是为了实用。它并不是通常说的自由艺术
(free art)。我认为建筑是作为实用艺术（applied art）而

达到其最优品质的。而当它达到自我，彼此结合一致时，它就处于最美的状态。这时候一切都相互照应着，并且除非全部破坏，否则不可能去除单独哪个东西。场所、实用、形式。形式反映场所，场所就是场所，而实用反映所有。

苏黎世湖乌菲瑙(Ufenau) 岛上的夏日餐厅。方案，研究模型

美的形式

　　但是还缺点儿什么——现在这真正是最后的内容了，尽管在有些方面已经讲到它了。我原先所定，是讲九个简短的章节和两条附言，不进入"形式"这一话题。道理十分明显——那些是我无比热爱的，对我的工作帮助良多。而形式不是我们用功所在——我们把自己投入到其他各种事物上。声响、噪声、材质、构造、解剖结构等等。建筑本体，就其首要进程而言，在于构造与解剖结构：以一种合乎逻辑的方式，把东西组合起来。这些是我们投入的地方，同时我们也密切关注着场所，关注着实用。这就是我所需要的一切——场所，我或可对其施加一些影响，以及实用。我们一般会做一个大模型，或者是绘图，通常是做模型。而有时候你可能察看着进程，觉得它还不错——所有东西结合一致。然后，我也许会看着它说：没错，结合一致了，可是它不美。所以到了最后，我实际上是要打量一眼这些东西的。我发现，当东西做好以后，它们往往呈现出某种形式，在我最终了结该工作之后，经常会为那种形式感到吃惊，并使我相信：你起初绝对想像不到成果会是这样。而这只是间或才发生的事，哪怕经过了这么多年——慢工细活的建筑。它确实带给我欢乐，也使我自豪。但要是到了最后，东西看

柏林"恐怖地带"文档中心。楼梯间西面。建设中，2004年废止

起来不美——而我在这儿故意地就说它美，倘若你愿意的话还有讲美学的书——如果形式不能打动我，那我就会回到起点，从头再来。因而你们可以判定，我这最后一章节的标题，我最后的要旨，大概就是:《美的形式》(The Beautiful Form)。我可以在有些肖像里找到它，有时也在某幅静物画里——它们都帮助我了解某些东西是怎么确定其自身形式的——而且还可在一件普通用具或园艺用具里，在文学里，在一段音乐里找到它。谢谢你们听我演讲。

《天使报喜图》(*Annunziata*)，安东内洛·达·梅西纳 (Antonello da Messina)，作于1475～1476年。阿帕特里斯官 (Palazzo Abatellis) 和西西里地区美术馆，巴勒莫

图片致谢：

作者简介

彼得·卒姆托（Peter Zumthor）

　　1943年生于巴塞尔，曾受过家具木工的训练，在巴塞尔艺术与工艺学校（Kunstgewerbeschule Basel）和纽约普拉特学院（Pratt Institute）分别接受设计师和建筑师训练。从1979年开始在瑞士哈登斯泰因（Haldenstein）开办自己的事务所。瑞士意语大学（Università della Svizzera italiana）建筑学院教授。

　　主要建筑作品：罗马考古挖掘防护展示馆，库尔（Chur），1986年；圣本尼迪克特教堂（*Sogn Benedetg Chapel*），苏姆威格（Sumvitg），1988年；老人之家，库尔-玛桑斯（Chur-Masans），1993年；瓦尔斯温泉浴场，1996年；布雷根茨美术馆，1997年；瑞士馆，2000年汉诺威世博会；柏林"恐怖地带"文档中心，1997年建成部分于2004年由柏林政府拆除；科伦巴艺术博物馆，科隆，2007年；圣克劳斯兄弟田野教堂，沙伊特魏勒（Scheidtweiler）农场，德国曼谢里希，2007年。

著作权合同登记图字：01-2006-3086号

图书在版编目（CIP）数据

建筑氛围／（瑞士）卒姆托著；张宇译．—北京：中国建筑工业出
版社，2010.9（2025.7重印）
ISBN 978-7-112-09247-5

Ⅰ.建… Ⅱ.①卒…②张… Ⅲ.建筑学-文集 Ⅳ.TU-53

中国版本图书馆CIP数据核字（2007）第056705号

本书经Birkhäuser Verlag AG出版社授权我社翻译出版

责任编辑：孙书妍
责任设计：郑秋菊
责任校对：梁珊珊 关 健

建筑氛围
[瑞士] 彼得·卒姆托 著
张宇 译
＊
中国建筑工业出版社出版、发行（北京海淀三里河路9号）
各地新华书店、建筑书店经销
北京雅盈中佳图文设计公司制版
临西县阅读时光印刷有限公司印刷
＊
开本：787×1092毫米 1/16 印张：4¾ 字数：100千字
2010年9月第一版 2025年7月第十二次印刷
定价：45.00元
ISBN 978-7-112-09247-5
　　　　（33315）